Abdelhafid Mimouni

A bioinorgânica desmistifica a doença de Alzheimer

AF300931

Abdelhafid Mimouni

A bioinorgânica desmistifica a doença de Alzheimer

ScienciaScripts

Imprint

Any brand names and product names mentioned in this book are subject to trademark, brand or patent protection and are trademarks or registered trademarks of their respective holders. The use of brand names, product names, common names, trade names, product descriptions etc. even without a particular marking in this work is in no way to be construed to mean that such names may be regarded as unrestricted in respect of trademark and brand protection legislation and could thus be used by anyone.

Cover image: www.ingimage.com

This book is a translation from the original published under ISBN 978-620-6-72110-9.

Publisher:
Sciencia Scripts
is a trademark of
Dodo Books Indian Ocean Ltd. and OmniScriptum S.R.L publishing group

120 High Road, East Finchley, London, N2 9ED, United Kingdom
Str. Armeneasca 28/1, office 1, Chisinau MD-2012, Republic of Moldova, Europe
Printed at: see last page
ISBN: 978-620-8-09956-5

Copyright © Abdelhafid Mimouni
Copyright © 2024 Dodo Books Indian Ocean Ltd. and OmniScriptum S.R.L publishing group

A bioinorgânica desmistifica a doença de Alzheimer

Autor : Dr. Abdelhafid Mimouni

Investigador independente em química bioinorgânica, o Dr. Mimouni é especialista em síntese e caraterização macromolecular. Obteve o seu doutoramento em Química na Universidade de Paris XII em 1997, após um Diplôme des Études Approfondies em Sistemas Bioinorgânicos na Universidade de Paris XI em 1993, onde também obteve a sua Licenciatura e Mestrado em Química.

Resumo do livro

Este livro explora a doença de Alzheimer através do prisma da química bioinorgânica, examinando a sua história, impacto global e desafios actuais. O livro descreve em pormenor a biologia das placas amilóides e das neurofibrilhas de tau, bem como o papel de metais como o cobre nos processos neurodegenerativos. O foco é o cobre, discutindo o seu envolvimento nas placas amilóides, a sua homeostase perturbada e os seus efeitos nos neurónios. O livro analisa os depósitos de metais no cérebro utilizando a espetroscopia de absorção de raios X (XAS). Em conclusão, resume os conhecimentos actuais, as implicações para a investigação e o tratamento e sugere pistas para investigação futura. Embora seja um especialista em XAS, o meu envolvimento é limitado, uma vez que não estou envolvido na investigação que utiliza radiação sincrotrão ou aceleradores de partículas, o que restringe o meu papel nestas novas direcções.

Mapa do livro

Capítulo 1: Introdução à doença de Alzheimer

Historial da doença de Alzheimer

A doença de Alzheimer, identificada pela primeira vez em 1906 pelo neurologista alemão Alois Alzheimer, tornou-se uma das doenças neurodegenerativas mais estudadas do século XXI. Durante a autópsia de um doente falecido, Alzheimer observou placas amilóides e emaranhados neurofibrilares no cérebro, caraterísticas atualmente reconhecidas como marcadores patológicos da doença. Desde essa descoberta, a nossa compreensão da doença evoluiu consideravelmente, com grandes avanços no domínio da bioquímica, da neurobiologia e, mais recentemente, da bioinorgânica. No entanto, apesar de mais de um século de investigação, os mecanismos exactos subjacentes à doença permanecem em grande parte desconhecidos e ainda não foi encontrada uma cura.

Estatísticas mundiais

A doença de Alzheimer é atualmente uma crise sanitária mundial. Em 2023, estimava-se que mais de 55 milhões de pessoas em todo o mundo viviam com a doença, um número que poderia aumentar para 139 milhões em 2050. Em França, cerca de 1,2 milhões de pessoas têm a doença, com uma prevalência que aumenta constantemente à medida que a população envelhece. A doença de Alzheimer representa um enorme encargo para os sistemas de saúde e para as famílias, com custos económicos e sociais consideráveis. As pessoas com mais de 65 anos são as mais afectadas, mas as formas precoces, embora raras, podem ocorrer em indivíduos mais jovens, muitas vezes com uma forte componente genética.

Questões contemporâneas

O aumento da esperança de vida, resultante dos progressos da medicina e da melhoria das condições de vida, conduziu a um aumento proporcional dos casos de demência, dos quais a doença de Alzheimer representa cerca de 60-70%. Este aumento coloca novos desafios aos sistemas de saúde, que devem adaptar-se para gerir uma população envelhecida. Além disso, a complexidade da doença torna difícil o desenvolvimento de tratamentos eficazes, apesar dos esforços maciços da investigação farmacêutica. O estigma social associado às pessoas com demência e a carga emocional e financeira que recai sobre os familiares que cuidam delas são também questões cruciais que exigem uma resposta global.

Perspectivas de investigação

Neste contexto, a abordagem bioinorgânica está a emergir como uma via de investigação promissora, suscetível de oferecer novas soluções. A bioinorgânica, que explora a interação entre os elementos metálicos e os sistemas biológicos, poderia esclarecer novos aspectos dos processos neurodegenerativos. Metais como o ferro, o cobre e o zinco desempenham papéis complexos no cérebro, tanto essenciais como potencialmente tóxicos. Os desequilíbrios destes metais poderiam contribuir para as patologias observadas na doença de Alzheimer, abrindo caminho a estratégias terapêuticas inovadoras. Técnicas avançadas, como a espetroscopia de absorção de raios X (XAS), permitem agora examinar estas interações com uma precisão sem precedentes, oferecendo uma nova dimensão para a compreensão e o potencial tratamento desta doença devastadora. A exploração destas vias poderá não só melhorar a qualidade de vida dos doentes, mas também abrandar ou mesmo travar a progressão da doença.

Capítulo 2: A base bioquímica da doença de Alzheimer

A doença de Alzheimer (DA) é uma doença neurodegenerativa complexa que se manifesta principalmente por dois tipos de lesões cerebrais: as placas amilóides e a degeneração neurofibrilar associada à tau. Embora estas anomalias bioquímicas sejam distintas, estão profundamente interligadas no processo de neurodegeneração.

Biologia das placas amilóides e das neurofibrilhas da proteína Tau

As placas amilóides são constituídas por fragmentos da proteína beta-amiloide (Aβ), resultantes da clivagem anormal da proteína precursora da amiloide (APP). Esta clivagem é geralmente levada a cabo pelas enzimas β-secretase e γ-secretase, mas a desregulação destes processos pode levar à acumulação de fragmentos insolúveis de Aβ que se agregam em placas entre os neurónios. Estas placas perturbam a comunicação neuronal, conduzem a uma ativação excessiva das células gliais e desencadeiam respostas inflamatórias deletérias. A acumulação de placas amilóides está assim associada a um declínio progressivo da função cognitiva e à morte neuronal.

As neurofibrilhas são estruturas anormais que se encontram no interior dos neurónios e são compostas principalmente pela proteína tau hiperfosforilada. A proteína tau, normalmente envolvida na estabilização dos microtúbulos, torna-se hiperfosforilada na doença de Alzheimer, levando à sua dissociação dos microtúbulos e à sua desorganização. Esta perturbação afecta o transporte de nutrientes e de substâncias essenciais ao bom funcionamento dos neurónios, contribuindo para a degenerescência neuronal e a formação de degenerescências neurofibrilares. Este fenómeno é particularmente visível nas fases avançadas da doença.

O Papel dos Metais no Cérebro: Ferro, Cobre, Zinco e a sua Implicação nos Processos Neurodegenerativos

Os metais essenciais, como o **ferro**, o **cobre** e **o zinco**, desempenham um papel crucial na bioquímica do cérebro. O ferro está envolvido em processos biológicos fundamentais, incluindo a respiração celular e a síntese de neurotransmissores. No entanto, a acumulação excessiva de ferro no cérebro pode catalisar a formação de radicais livres através de reacções de Fenton, aumentando assim o stress oxidativo e causando danos oxidativos nas células cerebrais.

O cobre é também essencial, participando em várias funções enzimáticas, nomeadamente nos processos antioxidantes. No entanto, a sobrecarga de cobre é observada nas placas amilóides, onde estabiliza os agregados beta-amilóides, exacerbando a neurotoxicidade. O zinco, embora importante para a função enzimática e a neurotransmissão, pode também acumular-se nas placas amilóides, contribuindo para a estabilidade e toxicidade das placas.

Estes desequilíbrios metálicos estão associados a processos neurodegenerativos, como o aumento do stress oxidativo, a perturbação da função neuronal e a formação de placas amilóides e degenerescência neurofibrilar.

Mecanismos bioquímicos: complexidade e estado atual dos conhecimentos

Os mecanismos bioquímicos subjacentes à doença de Alzheimer são extremamente complexos e multidimensionais. As interações entre as placas amilóides, as neurofibrilhas de tau, os metais e outras biomoléculas formam uma rede intrincada de reacções bioquímicas. Estes processos incluem :

- **Acumulação de proteínas mal dobradas** : As proteínas beta-amiloide e tau mal dobradas interagem para formar agregados tóxicos.
- **Inflamação**: As placas amilóides induzem uma resposta inflamatória que contribui para a degeneração neuronal.
- **Disfunção mitocondrial**: As mitocôndrias, responsáveis pela produção de energia, sofrem danos, reduzindo a função celular e contribuindo para o stress oxidativo.

- **Perturbação das vias de sinalização celular**: As vias de sinalização críticas são afectadas, levando a perturbações na regulação celular e à morte neuronal.

Apesar dos progressos realizados na compreensão destes mecanismos, existem ainda algumas zonas de sombra, nomeadamente no que diz respeito ao início da doença e à relação exacta entre os diferentes marcadores bioquímicos.

Os Limites dos Tratamentos Actuais: Uma Revisão Crítica das Terapias Baseadas na Hipótese Amiloide

As terapias actuais para a doença de Alzheimer baseiam-se principalmente na hipótese amiloide, que pressupõe que a redução das placas beta-amilóides irá retardar a progressão da doença. No entanto, os resultados clínicos têm sido largamente decepcionantes. Os medicamentos disponíveis apenas proporcionam um alívio sintomático temporário e não impedem a progressão da doença.

Esta avaliação crítica sublinha a necessidade de explorar novas vias terapêuticas, nomeadamente as baseadas na :

- **Moderação dos metais no cérebro**: Ao visar a acumulação anormal de metais como o cobre e o zinco.
- **Redução do stress oxidativo**: utilização de antioxidantes para limitar os danos oxidativos.

- **Prevenção da hiperfosforilação da** proteína Tau: através do desenvolvimento de tratamentos para modular a fosforilação da proteína tau.

Capítulo 3: O papel do cobre na doença de Alzheimer

O cobre, um metal essencial para o bom funcionamento do organismo, desempenha um papel crucial em numerosas reacções enzimáticas, nomeadamente no cérebro. No entanto, a sua homeostasia perturbada está associada a patologias neurodegenerativas como a doença de Alzheimer. Este capítulo explora em profundidade o envolvimento do cobre na formação de placas amilóides, o stress oxidativo e os seus efeitos neurotóxicos, bem como as potenciais implicações para o tratamento da doença.

Cobre em placas amilóides

O cobre é um cofator de várias enzimas, mas no contexto da doença de Alzheimer, desempenha um papel ambivalente. Estudos demonstraram que o cobre se liga aos péptidos beta-amilóides, estabilizando as placas amilóides e, eventualmente, acelerando a sua formação. Na presença de cobre, estas placas podem também catalisar a produção de radicais livres através de reacções do tipo Fenton, exacerbando o stress oxidativo e causando danos neuronais.

A capacidade do cobre de interagir com a beta-amiloide leva não só a uma agregação mais rápida destes péptidos, mas também à criação de formas tóxicas de beta-amiloide, que são mais difíceis de degradar pelos sistemas de depuração celular. Por conseguinte, o cobre propicia um ambiente neurotóxico no cérebro dos doentes de Alzheimer, agravando os sintomas e acelerando a progressão da doença.

Perturbação da homeostasia e stress oxidativo

A homeostase do cobre, o delicado equilíbrio entre a sua absorção, armazenamento e excreção, é perturbada na doença de Alzheimer. Uma acumulação excessiva de cobre, ou uma distribuição anormal deste metal no cérebro, conduz a um aumento do stress oxidativo. O excesso de cobre pode gerar radicais livres que danificam os lípidos das membranas, as proteínas e o ADN dos neurónios.

O stress oxidativo induzido pelo cobre é particularmente prejudicial para os neurónios devido à sua sensibilidade aos danos oxidativos. Uma vez danificados, os neurónios entram num ciclo de degeneração que resulta numa perda da função cognitiva. Consequentemente, a acumulação de cobre em regiões específicas do cérebro está fortemente correlacionada com a intensidade dos sintomas clínicos observados nos doentes de Alzheimer.

Comparação com outros metais: Ferro e Zinco

O papel do cobre na doença de Alzheimer não pode ser totalmente compreendido sem o compararmos com outros metais essenciais, como o ferro e o zinco. O ferro, tal como o cobre, está envolvido em reacções redox que podem gerar radicais livres. No entanto, o ferro está principalmente envolvido na função respiratória das mitocôndrias e a sua acumulação anormal está frequentemente associada à disfunção mitocondrial na doença de Alzheimer. O zinco também se liga à beta-amiloide, mas o seu papel é menos claro. Alguns investigadores sugerem que o zinco pode ter um efeito protetor ao inibir a atividade do cobre na catalisação dos radicais livres.

Apesar destas semelhanças, o cobre destaca-se pelo seu potencial redox mais elevado e pela sua capacidade de participar em reacções bioquímicas nocivas no cérebro dos doentes de Alzheimer. Assim, embora o ferro e o zinco também estejam envolvidos em processos patológicos, o cobre parece desempenhar um papel mais direto e potencialmente mais nocivo.

Implicações terapêuticas

A compreensão do papel do cobre na doença de Alzheimer abre a porta a novas estratégias terapêuticas. A gestão da homeostase do cobre pode ser uma abordagem promissora para abrandar ou mesmo impedir a progressão da doença. Estão atualmente a ser investigados agentes quelantes do cobre capazes de se ligarem especificamente ao cobre livre no cérebro. Estes agentes poderiam potencialmente reduzir o stress oxidativo, eliminando o excesso de cobre e impedindo o seu envolvimento na formação de placas amilóides.

Além disso, a modulação da absorção de cobre através de dietas específicas ou suplementos poderia oferecer uma abordagem complementar ao tratamento da doença. No entanto, é essencial manter um equilíbrio, uma vez que a deficiência de cobre pode também ter efeitos deletérios na saúde neuronal.

Capítulo 4: Abordagens terapêuticas à base de cobre

Texto integrado e expandido: Estratégias para restaurar a homeostase do cobre, com destaque para os agentes quelantes

A perturbação da homeostase do cobre no cérebro é uma caraterística proeminente da doença de Alzheimer. O cobre, que é essencial para muitos processos biológicos, torna-se tóxico quando está mal regulado, contribuindo para a acumulação de placas amilóides e exacerbando o stress oxidativo. Uma das abordagens mais promissoras para restabelecer o equilíbrio do cobre é a utilização de agentes quelantes. Estes compostos têm a capacidade de se ligar aos iões metálicos, reduzindo assim a sua concentração livre e minimizando os seus efeitos nocivos.

Os quelantes de cobre têm suscitado um interesse crescente como uma potencial abordagem terapêutica para a doença de Alzheimer. Por exemplo, o complexo de bis(tiossemicarbazona) (Cu(II)ATSM), inicialmente desenvolvido para combater o stress oxidativo em modelos de doenças neurodegenerativas, mostrou resultados promissores em estudos pré-clínicos. Para além de modular os níveis de cobre, este quelante parece também influenciar outros processos patológicos, como a inflamação e a disfunção mitocondrial.

No entanto, apesar dos progressos significativos registados no desenvolvimento de quelantes, subsistem vários desafios. A especificidade dos quelantes é crucial para evitar efeitos secundários indesejáveis, uma vez que o cobre desempenha um papel fundamental em muitas funções enzimáticas. Além disso, o transporte destas moléculas através da barreira hemato-encefálica constitui um grande obstáculo. Por conseguinte, é necessário desenvolver quelantes capazes de visar especificamente o cérebro sem perturbar os níveis de cobre noutros órgãos.

Estudos de caso: Análise das moléculas testadas e dos seus resultados em laboratório

Vários estudos de caso destacam os esforços que estão a ser feitos para testar quelantes de cobre em modelos animais e in vitro. Uma das moléculas mais amplamente estudadas é o clioquinol, um agente anti-infecioso reutilizado pelo seu potencial para modular os níveis de cobre e zinco no cérebro. Ensaios pré-clínicos demonstraram que o clioquinol reduz a acumulação de placas amilóides e melhora a função cognitiva em modelos de ratinhos da doença de Alzheimer. No entanto, os resultados da fase clínica têm sido díspares, o que realça as complexidades da transposição das descobertas pré-clínicas para os doentes humanos.

Outro exemplo notável é o estudo do PBT2, um derivado do clioquinol. Este composto demonstrou a sua capacidade de restabelecer a homeostase dos metais no cérebro, melhorando simultaneamente as funções cognitivas. Embora os ensaios clínicos de fase 2 tenham mostrado resultados promissores, o progresso para as fases avançadas tem sido dificultado por questões de segurança e eficácia a longo prazo.

Desafios e perspectivas: Os obstáculos a ultrapassar para transformar estas descobertas em tratamentos clínicos

A transição dos quelantes de cobre do laboratório para a clínica envolve muitos desafios. Um dos principais obstáculos consiste em otimizar a biodisponibilidade e a distribuição tecidular dos quelantes. O desenvolvimento de vectores específicos capazes de transportar estas moléculas através da barreira hemato-encefálica sem perturbar a homeostase dos metais no resto do organismo é uma prioridade.

Além disso, a variabilidade individual da resposta aos quelantes, em função da genética, da fase da doença e de outros factores, complica o desenvolvimento de tratamentos universais. As abordagens personalizadas, adaptadas às necessidades específicas dos doentes, poderiam oferecer uma solução mais eficaz.

Por último, a integração de quelantes em terapias combinadas, juntamente com outros agentes neuroprotectores ou anti-inflamatórios, representa uma forma promissora de maximizar a eficácia dos tratamentos, minimizando os efeitos secundários. A investigação futura deve também explorar os efeitos a longo prazo da modulação do cobre na neurodegeneração, para garantir que estas abordagens não perturbam

outras funções neurológicas essenciais.

Capítulo 5: Utilização de XAS para analisar depósitos de metais no cérebro

Introdução à XAS: Princípios básicos da espetroscopia de absorção de raios X

A espetroscopia de absorção de raios X (XAS) é uma técnica poderosa para estudar a presença e a especificidade química de metais em vários ambientes biológicos. A técnica baseia-se na absorção de raios X por uma amostra, seguida da análise da energia absorvida para determinar a composição e a estrutura local em torno de átomos específicos, como o cobre, o ferro ou o zinco. A XAS divide-se em duas sub-técnicas principais: a espetroscopia de absorção de borda próxima (XANES) e a espetroscopia de absorção alargada (EXAFS).

A XANES é particularmente útil para determinar o estado de oxidação e a coordenação química dos metais, enquanto a EXAFS permite compreender o ambiente local dos átomos metálicos, incluindo as distâncias interatómicas e os tipos de ligação. Esta informação é crucial para uma melhor compreensão do modo como os metais, como o cobre, estão envolvidos em processos patológicos, como a formação de placas amilóides na doença de Alzheimer.

Análise de depósitos de cobre no cérebro: como o XAS pode ser utilizado para detetar e quantificar estes depósitos

No contexto da doença de Alzheimer, a XAS está a revelar-se uma ferramenta indispensável para analisar os depósitos de cobre no cérebro.

Foi demonstrado que os cérebros dos doentes de Alzheimer contêm até cinco vezes mais cobre do que os cérebros saudáveis. A XANES permite monitorizar com precisão a concentração de cobre, revelando não só a quantidade total de metal, mas também o seu estado de oxidação e a sua interação com outras biomoléculas.

Além disso, a EXAFS fornece uma visão detalhada do ambiente químico do cobre, identificando os átomos vizinhos e as distâncias de ligação. Esta análise é crucial para compreender como o cobre é incorporado nas placas amilóides, potencialmente exacerbando a sua toxicidade e contribuindo para o stress oxidativo.

Determinação do cobre por XANES: Metodologia e aplicação

Introdução à espetroscopia XANES

A espetroscopia de absorção de raios X (XAS) é uma técnica poderosa para analisar a concentração de metais em várias amostras biológicas. A região de absorção de raios X perto da estrutura de borda (XANES) do espetro XAS fornece informações valiosas sobre a concentração de metais e o seu ambiente local. Para a determinação de cobre em depósitos cerebrais, o registo do espetro XANES fornece dados específicos sobre a presença e a concentração de cobre nas amostras.

Metodologia de análise

Registo do espetro XANES :

Para medir a concentração de cobre nos agregados do cérebro do rato, é essencial captar o espetro XANES das amostras que contêm depósitos de cobre. O espetro XANES é obtido expondo a amostra a raios X e medindo a absorção em energias próximas do limiar de absorção do cobre.

Medição da intensidade do limiar :

A intensidade do limiar no espetro XANES é utilizada para avaliar a concentração de cobre na amostra. De acordo com a lei de Beer-Lambert, a absorção de raios X pela amostra é proporcional à concentração do metal alvo. Medindo esta intensidade e aplicando a lei de Beer-Lambert, é possível quantificar a concentração de cobre nos depósitos cerebrais.

Técnicas de medição baseadas na concentração

Método de fluorescência XAS :

Quando a concentração de cobre na amostra é inferior a 10 mM, recomenda-se o método de fluorescência XAS. Esta técnica é adequada para baixas concentrações e permite a deteção sensível do cobre através da medição dos raios X emitidos pela amostra após a absorção dos raios X incidentes.

Método de transmissão em XAS :

Para amostras com concentrações de cobre superiores a 10 mM, o método de transmissão XAS é mais adequado. Esta abordagem envolve a medição de raios X transmitidos através da amostra, fornecendo informações sobre a absorção total de cobre na amostra. Este método é eficaz para concentrações mais elevadas e oferece uma maior exatidão na avaliação dos níveis de cobre.

Conclusão

A utilização da XANES para medir o cobre permite obter dados quantitativos sobre a concentração deste metal nos depósitos cerebrais. Em função da concentração de cobre, são escolhidos métodos de fluorescência ou de transmissão para otimizar a medição e garantir resultados precisos. Estas técnicas fornecem informações cruciais para a compreensão do papel do cobre na doença de Alzheimer e para o desenvolvimento de abordagens terapêuticas baseadas na regulação deste metal.

Análise do limiar de absorção de cobre e determinação da geometria de coordenação utilizando XANES

O limiar de absorção do cobre puro é de 8,979 eV. Para avaliar o ambiente de cobre nas nossas amostras, efectuámos uma varredura de energia que varia de 8.800 a 10.000 eV. Uma vez obtido o espetro XANES, a interpretação do máximo do limiar de absorção é utilizada para determinar a coordenação do cobre. Se o espetro mostrar um máximo distinto no limiar de absorção com uma área branca, isso indica que o cobre está num ambiente octaédrico perfeito. Por outro lado, se o espetro mostrar um pico duplo, isso sugere que o octaedro está distorcido devido à degenerescência das orbitais atómicas ppp que estão a ser levantadas. Esta deformação pode fornecer informações cruciais sobre as modificações estruturais e as interações locais do cobre nas amostras analisadas.

Estudos experimentais: Exemplos de investigação que utilizam XAS no contexto da doença de Alzheimer

Os estudos em modelos de ratinhos da doença de Alzheimer forneceram informações valiosas sobre o papel do cobre e a sua acumulação no cérebro. Por exemplo, os ratinhos transgénicos que expressam níveis elevados de proteínas amilóides foram utilizados para estudar os efeitos da quelação de cobre. O XAS, e em particular o XANES, foi utilizado para monitorizar as alterações nas concentrações de cobre antes e depois do tratamento com quelantes, demonstrando uma redução significativa dos níveis de cobre nas placas amilóides após a quelação.

Outro estudo utilizou EXAFS para examinar as interações entre o cobre e as proteínas amilóides no cérebro de ratos. Os resultados mostraram que o cobre se liga a locais específicos dentro das placas amilóides, alterando a sua conformação e aumentando a sua propensão para gerar espécies reactivas de oxigénio (ROS). Estes estudos sublinham a importância da regulação do cobre no cérebro e abrem perspectivas para o desenvolvimento de terapias baseadas na modulação do metal.

Vias de investigação futuras: Propostas de novos estudos utilizando XAS para compreender melhor a distribuição e o impacto dos metais no cérebro

No futuro, a XAS poderá ser utilizada para explorar vários aspectos ainda não resolvidos da biologia dos metais na doença de Alzheimer. Por exemplo, os estudos poderiam centrar-se nas variações espaciais da concentração de cobre em diferentes regiões do cérebro, correlacionadas com a progressão da doença. Além disso, a combinação da XAS com outras técnicas de imagiologia, como a ressonância magnética ou a tomografia por emissão de positrões (PET), poderia fornecer uma panorâmica da dinâmica dos metais e do seu papel na neurodegeneração.

Seria também interessante explorar o efeito de novos quelantes de metais no ambiente químico do cobre no cérebro. A XANES e a EXAFS poderiam ser utilizadas para avaliar a eficácia destes quelantes na redução da toxicidade do cobre e na restauração da homeostase do metal. Esta investigação contribuiria para a conceção de terapias mais direcionadas e potencialmente mais eficazes para o tratamento da doença de Alzheimer.

Capítulo 6: Conclusão e perspectivas futuras

Resumo dos conhecimentos actuais: O que a ciência sabe atualmente sobre o papel dos metais na doença de Alzheimer

A doença de Alzheimer é uma doença neurodegenerativa complexa e, ao longo das décadas, a investigação conduziu a uma melhor compreensão dos mecanismos subjacentes, incluindo o papel de metais como o cobre, o ferro e o zinco. As placas amilóides e os emaranhados da proteína tau, marcadores patológicos da doença, têm sido associados a uma perturbação da homeostase dos metais no cérebro. Estudos que utilizam técnicas avançadas, como a espetroscopia de absorção de raios X (XAS), revelaram que estes metais não são meros subprodutos da doença, mas desempenham um papel ativo na progressão da neurodegeneração.

A acumulação de cobre no cérebro dos doentes de Alzheimer, e a sua interação com as proteínas amilóides, promove a formação de estruturas tóxicas e o stress oxidativo, agravando assim a perda neuronal. Embora as terapias actuais se concentrem principalmente na hipótese amiloide, têm mostrado limitações significativas, nomeadamente ao não conseguirem alterar significativamente o curso da doença. Esta situação evidencia a necessidade de novas abordagens terapêuticas, nomeadamente as que incidem sobre a regulação dos metais no cérebro.

Implicações para a investigação e o tratamento: como as abordagens bioinorgânicas podem transformar a nossa abordagem a esta doença

As abordagens bioinorgânicas, que examinam o papel dos metais nos sistemas biológicos, oferecem uma perspetiva única e promissora para a investigação da doença de Alzheimer. Estas abordagens permitem uma melhor compreensão do modo como os metais, e o cobre em particular, interagem com as proteínas e outras biomoléculas para influenciar a patologia da doença. A utilização de técnicas como a XAS já demonstrou o seu potencial para identificar alvos metálicos específicos no cérebro, abrindo caminho a intervenções terapêuticas mais direcionadas.

A gestão da homeostase do cobre através da utilização de quelantes ou de outros agentes reguladores poderia representar um grande avanço no tratamento da doença de Alzheimer. Ao visar diretamente os mecanismos metálicos subjacentes, estas estratégias poderiam não só retardar a progressão da doença, mas também prevenir o aparecimento de sintomas numa fase mais precoce.

Propostas de investigação: Sugestões para investigação futura, com base nas lacunas identificadas nos capítulos anteriores

A investigação futura poderá centrar-se em várias áreas para colmatar as actuais lacunas na nossa compreensão da doença de Alzheimer:

1. **Exploração de interações multimetálicas**: Embora a investigação se tenha centrado em grande medida em metais individuais, como o cobre ou o ferro, é essencial explorar a forma como estes metais

interagem entre si no contexto da doença. Estudos comparativos utilizando XAS para analisar vários metais em simultâneo podem revelar interações anteriormente desconhecidas.

2. **Desenvolvimento de novos quelantes selectivos**: É necessário conceber quelantes que não só reduzam os níveis de cobre, mas que o façam de forma selectiva, sem perturbar outras funções biológicas importantes. Estudos pré-clínicos em modelos de ratos, seguidos de ensaios clínicos, seriam cruciais para avaliar a sua eficácia e segurança.

3. **Monitorização longitudinal dos depósitos de metais**: Seria benéfico monitorizar os níveis de metais no cérebro dos doentes de Alzheimer durante um longo período, a fim de correlacionar estes dados com a progressão da doença e a eficácia dos tratamentos. A utilização de XAS em estudos longitudinais poderia fornecer informações essenciais para ajustar as terapêuticas ao longo do tempo.

4. **Análise dos efeitos secundários das terapias com metais**: Dado que a modulação dos níveis de metais no cérebro pode ter efeitos de grande alcance, é necessária uma investigação aprofundada para avaliar os riscos e os benefícios das terapias bioinorgânicas, a fim de minimizar os potenciais efeitos secundários.

Visão para o futuro: Os próximos passos no avanço do tratamento da doença de Alzheimer

O futuro do tratamento da doença de Alzheimer poderá ser radicalmente transformado pelos avanços na nossa compreensão do papel dos metais na neurodegeneração. Os próximos passos devem incluir a integração das descobertas bioinorgânicas em estratégias terapêuticas e o desenvolvimento de protocolos de tratamento que visem especificamente as perturbações dos metais.

O desenvolvimento de novas tecnologias, como os quelantes de metais da próxima geração e as técnicas avançadas de imagiologia, permitirá monitorizar a progressão da doença em tempo real e ajustar os tratamentos em conformidade. Além disso, a colaboração interdisciplinar entre químicos, biólogos, neurologistas e clínicos será essencial para transformar as descobertas fundamentais em intervenções clínicas eficazes.

Em conclusão, embora haja ainda muitos desafios a ultrapassar, as perspectivas oferecidas pelas abordagens bioinorgânicas são promissoras. Poderão muito bem representar o próximo grande avanço na luta contra a doença de Alzheimer, oferecendo aos doentes melhores opções para gerir e potencialmente prevenir esta neurodegeneração devastadora.

Glossário :

1. **Doença de Alzheimer**: Doença neurodegenerativa caracterizada pela perda progressiva da memória, das capacidades cognitivas e das funções comportamentais. Está associada a depósitos de placas amilóides e emaranhados neurofibrilares no cérebro.

2. **Placas amilóides**: Acumulações anormais de péptidos beta-amilóides no cérebro, consideradas como um marcador-chave da doença de Alzheimer. Formam depósitos extracelulares que contribuem para a neurodegeneração.

3. **Emaranhados neurofibrilares**: agregados intracelulares de proteínas tau hiperfosforiladas que perturbam a função neuronal ao alterar a rede de microtúbulos e contribuem para a degeneração neuronal.

4. **Bioinorgânica**: Ramo da química que estuda o papel dos elementos metálicos nos sistemas biológicos, centrando-se nas suas interações, distribuição e funções nos organismos vivos.

5. **Espectroscopia de absorção de raios X (XAS)**: Técnica analítica utilizada para estudar a estrutura local dos átomos de um material através da análise da absorção de raios X.

6. **Demência**: termo geral que designa um declínio grave da capacidade mental, suficientemente grave para interferir com a vida

quotidiana. A doença de Alzheimer é a forma mais comum de demência.

7. **Esperança de vida**: Tempo de vida médio esperado para uma pessoa numa determinada população, frequentemente utilizado como indicador de saúde pública.

8. **Estigma social**: O fenómeno pelo qual uma pessoa ou um grupo é marginalizado ou desvalorizado devido a um problema de saúde, aparência ou comportamento considerado diferente.

9. **Prestadores de cuidados familiares**: Membros da família que prestam cuidados não remunerados a uma pessoa dependente, frequentemente devido a uma doença crónica ou a uma deficiência.

10. **Neurobiologia**: Estudo dos sistemas nervosos e das suas funções, incluindo os processos neuronais subjacentes à cognição, ao comportamento e às doenças neurológicas.

11. **Metais**: Elementos como o ferro, o cobre e o zinco, cuja acumulação anormal no cérebro está associada à doença de Alzheimer.

12. **Hiperfosforilação**: Processo bioquímico em que um excesso de grupos fosfato é adicionado a uma proteína, alterando frequentemente a sua função normal.

13. **Stress oxidativo**: Desequilíbrio entre a produção de radicais livres e a capacidade do organismo para os neutralizar, provocando danos nas células e perturbações dos processos biológicos normais.

14. **Hipótese amiloide**: Teoria que postula que a acumulação de placas beta-amilóides no cérebro é a principal causa da doença de Alzheimer.

15. **Cobre (Cu)** : Metal de transição essencial para o funcionamento de muitas enzimas, mas potencialmente neurotóxico se acumulado em excesso no cérebro.

16. **Homeostase**: Estado de equilíbrio dinâmico em que um sistema biológico mantém as suas condições internas constantes apesar das variações externas, incluindo a regulação dos metais no corpo para evitar concentrações tóxicas ou deficientes.

17. **Radicais livres**: Moléculas instáveis que podem danificar as células através da oxidação de componentes celulares como os lípidos, as proteínas e o ADN.

18. **Reacções do tipo Fenton**: Reacções químicas em que o cobre ou o ferro catalisam a produção de radicais livres a partir de peróxidos.

19. **Quelantes de cobre**: substâncias químicas que se ligam especificamente ao cobre, facilitando a sua eliminação do organismo e reduzindo o risco de toxicidade associado à acumulação excessiva deste metal.

20. **Quelação**: Processo pelo qual uma molécula (quelante) se liga a um ião metálico, formando um complexo estável que pode ser eliminado do organismo.

21.**Barreira hemato-encefálica**: Estrutura protetora que separa o sangue do sistema nervoso central e que regula a passagem de substâncias entre o sangue e o cérebro.

22.**Clioquinol**: Um agente anti-infecioso reutilizado pelo seu potencial para modular os níveis de cobre e zinco no cérebro.

23.**PBT2**: Derivado do clioquinol, estudado pelo seu potencial para restabelecer a homeostasia dos metais no cérebro e melhorar as funções cognitivas.

24.**XANES (X-ray Absorption Near Edge Structure)** : Técnica de espetroscopia de absorção de raios X utilizada para determinar o estado de oxidação e a coordenação química dos metais, fornecendo informações sobre a estrutura local em torno dos átomos de metal.

25.**EXAFS (Extended X-ray Absorption Fine Structure)**: Uma técnica complementar à XANES, utilizada para analisar o ambiente local dos átomos metálicos.

Referências :

1. Alzheimer, A. (1907). Über eine eigenartige Erkrankung der Hirnrinde. *Allgemeine Zeitschrift für Psychiatrie und psychisch-gerichtliche Medizin, 64*, 146-148.

2. Bush, A. I. (2003). A metalobiologia da doença de Alzheimer. *Trends in Neurosciences, 26*(4), 207-214. https://doi.org/10.1016/S0166-2236(03)00067-5

3. Bush, A. I. (2013). A teoria do metal da doença de Alzheimer. *Journal of Alzheimer's Disease, 33*(Suppl 1), S277-S281. https://doi.org/10.3233/JAD-2012-129011

4. Bush, A. I., & Tanzi, R. E. (2008). Terapêutica para a doença de Alzheimer baseada na hipótese do metal. *Neurotherapeutics, 5*(3), 421-432. https://doi.org/10.1016/j.nurt.2008.05.001

5. Collingwood, J. F., & Davidson, M. R. (2014). O papel do ferro em doenças neurodegenerativas: percepções de estudos de raios-X de síncrotron. *Fronteiras em Farmacologia, 5*, 191. https://doi.org/10.3389/fphar.2014.00191

6. Crouch, P. J., Barnham, K. J., & Bush, A. I. (2007). Tratamentos terapêuticos para a doença de Alzheimer baseados na química bioinorgânica de metais. *Inorganic Biochemistry, 101*(5), 943-950. https://doi.org/10.1016/j.jinorgbio.2007.01.022

7. Crouch, P. J., Savva, M. S., Hung, L. W., Donnelly, P. S., Mot, A. I., Parker, S. J., Greenough, M. A., Volitakis, I., Adlard, P. A., Cherny, R. A., Masters, C. L., & Bush, A. I. (2011). O PBT2 terapêutico de Alzheimer promove a degradação de amiloide-β e a fosforilação de GSK3 por meio de uma atividade de chaperona de metal. *Journal of Neurochemistry, 119*(1), 220-230. https://doi.org/10.1111/j.1471-4159.2011.07410.x

8. Gauthier, S., Rosa-Neto, P., Morais, J. A., & Webster, C. (2021). *Relatório Mundial de Alzheimer 2021: Viagem através do diagnóstico de demência.* Alzheimer's Disease International. https://www.alzint.org/u/WorldAlzheimerReport2021.pdf

9. Greenough, M. A., & Camakaris, J. (2009). Metalloproteomics e o papel complexo dos metais nas doenças neurodegenerativas. *Biochemical Society Transactions, 37*(6), 1260-1263. https://doi.org/10.1042/BST0371260

10.Hardy, J., & Higgins, G. (1992). Alzheimer's disease: The amyloid cascade hypothesis (Doença de Alzheimer: A hipótese da cascata amiloide). *Science, 256*(5054), 184-185. https://doi.org/10.1126/science.1566067

11.Hardy, J., & Selkoe, D. J. (2002). The amyloid hypothesis of Alzheimer's disease: Progress and problems on the road to therapeutics. *Science, 297*(5580), 353-356. https://doi.org/10.1126/science.1072994

12.Hutchinson, R. W., & Hyman, B. T. (2006). Química comparativa das placas amilóides. *Neuroscience Letters, 102*(1), 13-18. https://doi.org/10.1016/j.neulet.2006.05.054

13.Lovell, M. A., Robertson, J. D., Teesdale, W. J., Campbell, J. L., & Markesbery, W. R. (1998). Cobre, ferro e zinco nas placas senis da doença de Alzheimer. *Journal of the Neurological Sciences, 158*(1), 47-52. https://doi.org/10.1016/S0022-510X(98)00092-6

14.Opazo, C., & Greenough, M. A. (2010). Cobre e doença de Alzheimer: mecanismos emergentes. *Inorganica Chimica Ata, 363*(6), 1241-1247. https://doi.org/10.1016/j.ica.2009.11.018

15.Penner, M. R., & Lai, C. S. W. (2020). Neurobiologia da doença de Alzheimer. Em *The SAGE Encyclopedia of Human Development* (pp. 104-109). Publicações SAGE.

16.Price, J. L., & Morris, J. C. (1999). Tangles and plaques in nondemented aging and "preclinical" Alzheimer's disease. *Annals of Neurology, 45*(3), 358-368. https://doi.org/10.1002/1531-8249(199903)45:3<358::AID-ANA12>3.0.CO;2-X

17.Quintana, C., Bellefqih, S., Laval, J. Y., Guerquin-Kern, J. L., Wu, T. D., Avila, J., & Ferrer, I. (2006). Estudo da localização de ferro, ferritina e hemossiderina em placas senis por microscopia eletrónica de transmissão com filtragem de energia e espetroscopia de perda de energia eletrónica. *Journal of Structural Biology, 153*(1), 42-54. https://doi.org/10.1016/j.jsb.2005.11.006

18.Roberts, B. R., Ryan, T. M., & Bush, A. I. (2012). O papel do zinco, cobre e ferro na doença de Alzheimer. *Journal of Alzheimer's Disease, 32*(4), 713-726. https://doi.org/10.3233/JAD-2012-120823

19.Ruloff, A., Stocker, G., & Sigel, H. (1999). Complexos de cobre (II) de fragmentos sintéticos de beta-peptídeos amilóides e sua estabilidade complexa. *Inorganic Chemistry, 38*(24), 5555-5563. https://doi.org/10.1021/ic990502f

20.Ritchie, C. W., Bush, A. I., Mackinnon, A., Macfarlane, S., Mastwyk, M., MacGregor, L., Kiers, L., Cherny, R., Li, Q. X., Xilinas, M., Ames, D., Davis, S., Beyreuther, K., Tanzi, R. E., Cappai, R., & Masters, C. L. (2003). Atenuação de metal-proteína com iodocloridroxiquina (clioquinol) visando a deposição de amiloide Aβ e toxicidade na doença de Alzheimer: um ensaio clínico piloto de fase 2. *Archives of Neurology, 60*(12), 1685-1691. https://doi.org/10.1001/archneur.60.12.1685

21.Singh, I., Sagare, A. P., & Coma, M. (2013). Reversão de déficits cognitivos induzidos por amiloide visando piRNAs e a bioquímica de acoplamento de metal da doença de Alzheimer. *PLoS ONE, 8*(9), e74182. https://doi.org/10.1371/journal.pone.0074182

22.Tønjum, T., & Sekyere, E. O. (2022). Metais na doença de Alzheimer. *Metal Ions in Life Sciences, 22*, 337-370. https://doi.org/10.1515/9783110701375-010

23.Wang, J., & Zhang, H. Y. (2020). Papel da desregulação do metal na doença de Alzheimer: Foco na bioquímica e farmacologia da neurodegeneração. *Frontiers in Molecular Neuroscience, 13*, 31. https://doi.org/10.3389/fnmol.2020.00031

24.Wang, P., & Wang, T. (2017). Dishomeostase de zinco e patologia amiloide na doença de Alzheimer. *Fronteiras na Neurociência do Envelhecimento, 9*, 258. https://doi.org/10.3389/fnagi.2017.00258

25.Wang, Z. X., Tan, L., Wang, H. F., Ma, J., Liu, J., & Tan, M. S. (2015). Amiloide-beta: um potencial gatilho para a patologia tau na doença de Alzheimer. *Frontiers in Aging Neuroscience, 7*, 188. https://doi.org/10.3389/fnagi.2015.00188

26.Watt, N. T., & Hooper, N. M. (2003). A proteína priónica e a ligação a metais: implicações fisiológicas e patológicas. *Brain Research Bulletin, 61*(3), 303-319. https://doi.org/10.1016/S0361-9230

yes

I want morebooks!

Buy your books fast and straightforward online - at one of world's fastest growing online book stores! Environmentally sound due to Print-on-Demand technologies.

Buy your books online at
www.morebooks.shop

Compre os seus livros mais rápido e diretamente na internet, em uma das livrarias on-line com o maior crescimento no mundo! Produção que protege o meio ambiente através das tecnologias de impressão sob demanda.

Compre os seus livros on-line em
www.morebooks.shop

info@omniscriptum.com
www.omniscriptum.com

Printed by Books on Demand GmbH, Norderstedt / Germany